安徽省土木建筑学会标准

预拌混凝土生产技术规程

Technical specificattion for ready - mixed concrete

T/CASA 003—2021

合肥工業大學出版社

2021 合 肥

图书在版编目(CIP)数据

预拌混凝土生产技术规程/刘晓东主编.—合肥:合肥工业大学出版社,2021.9

ISBN 978-7-5650-5434-1

Ⅰ.①预…　Ⅱ.①刘…　Ⅲ.①预搅拌混凝土—生产工艺—技术规范　Ⅳ.①TU528.52-65

中国版本图书馆CIP数据核字(2021)第191543号

安徽省土木建筑学会标准

预拌混凝土生产技术规程

YUBAN HUNNINGTU SHENGCHAN JISHU GUICHENG

T/CASA 003—2021

刘晓东　主编　　　　责任编辑　张择瑞

出　版	合肥工业大学出版社	**版　次**	2021年9月第1版
地　址	合肥市屯溪路193号	**印　次**	2021年9月第1次印刷
邮　编	230009	**开　本**	850毫米×1168毫米　1/32
电　话	理工图书出版中心:0551-62903028	**印　张**	1.75
	市场营销中心:0551-62903198	**字　数**	36千字
网　址	www.hfutpress.com.cn	**印　刷**	安徽联众印刷有限公司
E-mail	hfutpress@163.com	**发　行**	全国新华书店

ISBN 978-7-5650-5434-1　　　　**定价:30.00元**

安徽省土木建筑学会文件

皖建学字〔2021〕11号

关于批准《预拌混凝土生产技术规程》为安徽省土木建筑学会工程建设团体标准的公告

现批准《预拌混凝土生产技术规程》为安徽省土木建筑学会工程建设团体标准（统一编号：T/CASA 003—2021），该标准自2021年10月1日起实施。

该标准由安徽省土木建筑学会组织、出版、发行。

安徽省土木建筑学会

2021年6月21日

前　　言

根据安徽省土木建筑学会文件《关于批准2020年第二批团体标准立项的通知》(皖建学字〔2020〕12号)下达的任务要求，结合《安徽省土木建筑学会标准管理办法(暂行)》规定，规程编制组经广泛调查研究、认真总结生产实践经验，参考有关国家、行业及地方标准，并在广泛征求意见的基础上，编制了《预拌混凝土生产技术规程》。

本规程共分10章。其主要技术内容包括：总则、术语、基本规定、试验室管理、原材料、配合比、预拌混凝土生产、供应与交货验收、技术协作及信息化管理。

本规程由安徽省土木建筑学会归口管理，受安徽省土木建筑学会委托，安徽建工建筑材料有限公司负责对本规程的具体技术内容进行解释。有关企业在本规程执行过程中如果有意见或建议，请将有关意见和相关资料反馈至安徽建工建筑材料有限公司(地址：安徽省合肥市芜湖路325号，邮编：230001，电话：0551－66181913，电子邮箱：290188625@qq.com)，以供今后修订时参考。

本规程主编单位：安徽建工建筑材料有限公司

合肥市建筑质量安全监督站

合肥市日月新型材料有限公司

合肥市天成混凝土有限公司

安徽建筑大学

本规程参编单位：安徽省建筑业协会混凝土分会

合肥市烟墩新型建材有限公司

安徽建工集团蚌埠建材有限公司

安徽省建筑工程质量第二监督检测站

本规程主要起草人员：刘晓东　李志标　刘　刚　翟红侠

荆　喆　许　炜　任　海　桑　迪

付生泰　李娜娜　李小刚　杨德云

廖绍锋　谭园园

本规程审查专家：陈　刚　何夕平　洪承禹　张　琼

冯兰芳

目　次

Contents

1 总 则

1.0.1 为提高预拌混凝土生产技术管理水平，促进预拌混凝土生产技术进步，保证预拌混凝土生产质量，满足绿色生产要求，特制定本规程。

1.0.2 本规程适用于安徽省预拌混凝土的生产、供应、交货等环节的过程控制。

1.0.3 在执行本规程的同时，应遵守有关法律、法规的规定及国家、行业和安徽省现行相关标准的要求。

2 术 语

2.0.1 预拌混凝土 ready - mixed concrete

在预拌混凝土企业搅拌站（楼）生产，通过运输设备送至使用地点，交货时为拌合物的混凝土。

2.0.2 试验室 testing laboratory

预拌混凝土企业内部专门负责原材料质量、混凝土配合比、混凝土性能等相关检验和质量管理工作的部门。

2.0.3 设计配合比 design mix proportion

预拌混凝土企业试验室根据混凝土工程设计和施工工艺的技术要求，采用常备或特定原材料进行配合比设计，并经试配确定用于指导预拌混凝土生产的配合比。

2.0.4 生产配合比 production mix proportion

根据具体工程设计的混凝土性能技术要求和施工的工艺条件，结合生产实际使用的原材料质量状况，对设计配合比进行适应性调整后用于实际生产的配合比。

2.0.5 机制砂 manufactured sand

岩石、卵石、未经化学处理的矿山尾矿，经除土、机械破碎、整形、筛分、粉控等工艺制成的，粒径小于 4.75mm 的岩石颗粒，但不包括软质、风化的岩石颗粒。

2.0.6 混合砂 mixed sand

两种或两种以上的不同品种的砂按一定比例混合而成的砂。

2.0.7 再生骨料 recycled aggregate

由建（构）筑废物中的混凝土、砂浆、石、砖瓦等加工而成，用于配制混凝土的粒状材料，包括再生粗骨料和再生细骨料。

2.0.8 出厂检验 inspection at manufacturer

在预拌混凝土出厂前预拌混凝土企业对质量进行的检验。

2.0.9 交货检验 inspection at delivery place

预拌混凝土需求方在交货地点对预拌混凝土质量进行的检验。

2.0.10 交货验收 acceptance at delivery place

预拌混凝土需求方在交货地点对预拌混凝土企业生产交付的每车预拌混凝土进行的验收，包括送货单核查、拌合物工作性检查、交货检验等内容。

2.0.11 废浆 waste pulp

清洗预拌混凝土搅拌设备、运输设备和搅拌站（楼）出料位置地面等所形成的含有较多固体颗粒物的液体。

3 基本规定

3.0.1 预拌混凝土企业应遵守国家有关节能、节材、节水、节地和环境保护的法律、法规。新建、扩建、改建的预拌混凝土企业必须在建设前进行环境影响评估，并报当地环境保护主管部门批准。

3.0.2 生产区域内的环保设施与生产设施应同时设计、同时施工、同时投入使用。

3.0.3 预拌混凝土企业应按相关规定取得预拌混凝土专业承包资质后方可生产。

3.0.4 预拌混凝土企业应建立生产质量安全管理体系，制定相应的环境保护、职业健康安全、安全生产等相关管理制度，保证安全生产和文明生产。

3.0.5 预拌混凝土企业应建立具备预拌混凝土原材料检测、配合比设计和混凝土性能检测能力的试验室。

3.0.6 预拌混凝土及所用原材料的品种、规格、质量指标及其检验方法、操作工艺应符合本规程及国家、行业和安徽省现行相关标准的规定。

3.0.7 预拌混凝土生产、运输过程应由生产企业负责，交货验收应由需求方（工程项目施工和监理等单位）负责。

3.0.8 预拌混凝土企业应采用信息化管理。

4 试验室管理

4.1 一般规定

4.1.1 试验室应建立覆盖其工作流程、职责范围及工作需要的管理规章制度。

4.1.2 试验室应制定人员岗位职责。

4.1.3 试验室印章的刻制、启用、更换和销毁应由企业授权。

4.2 人员

4.2.1 试验室应配备相应的技术人员，试验员应不少于4人。

4.2.2 试验员应具有高中（或相当于高中）以上文化水平，具备本岗位所需的操作技能和相应资格。试验员不得同时受聘于两个及以上试验室。

4.2.3 试验室主任应具有大学专科及以上学历，且具有工程序列中级及以上职称或二级及以上注册建造师执业资格，并具有3年以上预拌混凝土试验室工作经历。

4.2.4 试验室应实行主任负责制，试验室主任应由企业发文任命，明确其权力和职责。

4.3 设备设施

4.3.1 试验室应按预拌混凝土相关标准配备满足检测要求的仪器、设备及设施。仪器、设备、设施的技术指标和功能应满足相关标准和技术规范要求。

4.3.2 试验室应建立、健全仪器设备台账，并制订仪器设备检定或校准计划，应按规定进行检定或校准。仪器、设备在投入使用前须确认其是否满足检验、检测的要求。

4.3.3 试验室应建立试验仪器、设备档案。检测仪器、设备应标注唯一性标识。检测仪器、设备应由经授权人员操作与维护。

4.4 场所及环境

4.4.1 试验室应具有固定场所，对环境条件有要求时或环境条件影响检验、检测结果时，应监测、控制和记录环境条件。

4.4.2 试验场所应配备必要的安全和环境控制设施。

4.4.3 试验室应有效隔离不相容的相邻区域，并采取措施防止干扰或者交叉污染。

4.4.4 试验过程中产生的废气、废液、粉尘、噪声、固废物的处置应符合安全和环保要求。

4.5 样品管理

4.5.1 试验室应对样品的接收、标识、流转、储存、保护、留样和处置过程进行规范化管理，保证样品的完整性、代表性和有效性。

4.5.2 试验室应设置样品室，保持安全、密闭、防潮，并明确区分已检区、待检区和留样区。

4.5.3 试验室应配备相应的样品管理员，负责预拌混凝土原材料的取样、留置及处理，并建立台账。

4.5.4 原材料复验、取样时，应留置备用样品并标识、封存。

4.5.5 留样样品的存放周期应符合相关标准的要求。

4.6 检测、记录和报告

4.6.1 试验人员应按照相关标准和规范要求，依据操作规程及时对样品进行检测，做好试验记录、设备使用记录、运行环境记录。

4.6.2 试验室应及时准确地出具检测结果，检测方法应符合相关标准的规定。

4.6.3 试验室不具备检测能力的参数，应委托具有相应资质的第三方检测机构进行检测。

4.6.4 检测原始记录应及时、真实、完整。因检测设备故障导致自动采集的原始数据异常，应由试验人员书面记录，并作出说明。

4.6.5 检测原始记录和检测报告应按类别进行年度流水连续编号，不得重复编号或空号，报告编号应与原始记录的编号相对应。

4.6.6 检测原始记录应统一格式，内容至少包括样品编号、检测日期、检测环境条件、检测依据、检测项目参数、检测数据、仪器设备编号、检测人员、校核人员及其他必要的信息。

4.6.7 原始记录应具有可追溯性，严禁随意更改，因笔误需更正时，应由原记录人杠改，并在杠改处签名或加盖印章。

4.6.8 检测报告宜采用统一格式，内容至少包括以下信息：

1 标题；

2 检测报告的唯一性标识；

3 工程名称；

4 检测依据；

5 检测样品的描述、状态和标识；

6 检测日期；

7 检测结果；

8 签发人签名和签发日期。

4.6.9 检测报告应由检测人、审核人、批准人签名，并加盖试验室检测专用章，多页检测报告应加盖骑缝章。

4.6.10 试验室宜采用检测管理软件进行信息化管理，并由系统出具检测报告。

5 原材料

5.1 一般规定

5.1.1 预拌混凝土生产所用原材料应根据混凝土技术要求和工程特点选用，其质量应符合国家、行业和地方相关标准规定。

5.1.2 原材料进厂应按国家、行业和地方相关标准、规范要求按批取样、检验，验收合格方可使用。

5.1.3 预拌混凝土企业应对材料供应商产品质量、供应能力、质量管理及技术服务等进行综合评价。

5.1.4 原材料应分仓储存，并应有相应的标识。

5.1.5 严禁违规使用海砂生产预拌混凝土。

5.2 水泥

5.2.1 水泥应符合国家标准《通用硅酸盐水泥》GB 175、《中热硅酸盐水泥、低热硅酸盐水泥》GB/T 200、《道路硅酸盐水泥》GB 13693 等相关标准的规定。

5.2.2 水泥品种与强度等级的选用应根据工程特点和设计、施工的要求以及工程所处环境等确定。

5.2.3 水泥进场应提供出厂检验报告等质量证明文件，并应依据国家标准《混凝土质量控制标准》GB 50164 规定进场复检。

5.2.4 对水泥质量有疑问或水泥出厂超过 3 个月（快硬硅酸盐水泥超过 1 个月）时，应进行复检，并按复检结果处置。

5.2.5 用于生产预拌混凝土的水泥温度不宜超过 60℃。

5.2.6 不同厂家、品种和强度等级的水泥严禁混存、混用。

5.3 矿物掺合料

5.3.1 预拌混凝土中可使用粉煤灰、矿渣粉、硅灰、钢渣粉、石灰石粉及复合掺合料等矿物掺合料；可采用两种或两种以上的矿物掺合料并按一定比例混合使用，混合比例应经试验确定，其最大掺量应符合国家标准规定。

5.3.2 矿物掺合料应符合国家、行业和地方相关标准规定并满足混凝土性能要求；矿物掺合料的放射性核素应符合《建筑材料放射性核素限量》GB 6566 有关规定。

5.3.3 不同厂家、不同品种、不同规格的矿物掺合料进场，应按批取样、留样和检验。

5.3.4 矿物掺合料应按厂家、品种、规格分别标识和贮存，严禁混存，并应防止受潮和污染环境。矿物掺合料贮存期超过 3 个月时应进行复验，并按复验结果处置。

5.4 骨料

5.4.1 预拌混凝土用普通骨料、重骨料、轻骨料、再生骨料应符合国家、行业及地方相关标准的规定。

5.4.2 预拌混凝土用机制砂应符合安徽省地方标准《机制砂应用技术规程》DB34/T 3835 的相关规定。

5.4.3 预拌混凝土用骨料在其装卸与运输、贮存过程中应保持洁净，严禁混入有害物质。

5.5 外加剂

5.5.1 预拌混凝土用外加剂品种和掺量的选择应充分考虑混凝土结构设计、施工、结构特点和工程所处环境条件等要求。

5.5.2 预拌混凝土用外加剂应与水泥、矿物掺合料、骨料等材料一样具有良好的适应性，并应同时满足预拌混凝土工作性能和力学性能等要求，其种类和掺量应经试验确定。

5.5.3 不同生产厂家、不同品种、不同规格的外加剂复合使用时，应对其相容性进行试验验证。

5.5.4 外加剂进场时应进行复检。

5.6 水

5.6.1 预拌混凝土拌合及养护用水应符合行业标准《混凝土用水标准》JGJ 63 的规定。检验频率应符合国家标准《混凝土结构工程施工质量验收规范》GB 50204 的规定。

5.6.2 预拌混凝土拌合用生产废水和废浆应符合行业标准《预拌混凝土绿色生产及管理技术规程》JGJ/T 328 的规定，其用量应经试验确定。

5.6.3 生产废水和废浆不宜用于预应力混凝土、装饰混凝土及暴露于腐蚀环境的混凝土的拌制，且不得用于使用碱活性或潜在碱活性骨料的预拌混凝土的拌制。当发现水受到污染和对混凝土性能有影响时，应立即检验。

5.7 纤维

5.7.1 用于预拌混凝土中的纤维应符合国家标准《水泥混凝土和砂浆用合成纤维》GB/T 21120 和行业标准《纤维混凝土应用技术规程》JGJ/T 221 的规定。

6 配合比

6.1 配合比设计

6.1.1 预拌混凝土配合比设计应根据混凝土原材料品质、设计强度等级、耐久性、工作性的要求进行设计。配合比设计选用原材料应符合本规程第5章规定。

6.1.2 有抗渗、抗冻、抗折或其他特殊要求的预拌混凝土配合比，应根据相应参数指标进行配合比设计和验证，并符合相关标准要求。

6.1.3 应定期对混凝土强度进行统计分析和评定，作为调整配合比和质量控制水平的依据。

6.1.4 泵送混凝土配合比设计应符合行业标准《混凝土泵送施工技术规程》JGJ/T 10的相关要求。

6.2 配合比管理

6.2.1 预拌混凝土配合比应经设计、试配和验证，并保存相关记录。

6.2.2 配合比在使用过程中，试验室应根据原材料的变化情况，以及混凝土质量的动态信息，及时调整并保存记录。当出现下列情况时，应对预拌混凝土配合比重新设计和审批：

1 重要工程、合同对混凝土性能指标有特殊要求时；

2 原材料的产地或品种有显著变化时；

3 根据统计资料反映的信息，混凝土质量出现异常时；

4 配合比停用半年以上时。

6.2.3 预拌混凝土配合比应统一编号，经企业技术负责人批准后备用。

6.2.4 试验室应根据生产任务通知单的要求出具配合比通知单，生产配合比应与配合比通知单的内容相符，生产用原材料应与配合比通知单中的原材料一致。

6.2.5 同一工程、同一部位的预拌混凝土应使用同一品种、同一规格的原材料。当生产过程发生各种变化，需要对预拌混凝土生产配合比进行调整时，应重新签发预拌混凝土生产配合比调整通知单。

7 预拌混凝土生产

7.1 一般规定

7.1.1 厂区内的生产区、办公区和生活区应分区布置。

7.1.2 厂区内道路及生产区的地面应硬化，功能应满足生产和运输要求。厂区内未硬化的空地应进行绿化或采取其他防止扬尘措施，且应保持卫生、清洁。

7.1.3 预拌混凝土生产区宜建成封闭式厂房。

7.1.4 预拌混凝土企业宜选用技术先进、低噪音、低能耗、低排放的搅拌、运输和试验设备。

7.1.5 预拌混凝土企业应采取技术措施、安装相应设备控制粉尘、废浆、废水、废气、噪声等污染排放，并将生产过程产生的液体和固体废弃物进行无害化处理和循环利用。

7.1.6 厂区内应设置车辆冲洗设施。运输车辆出厂前应冲洗干净，车体应保持清洁。

7.1.7 厂区内车辆进口、出口及原材料装、卸货场所及产生粉尘、噪音、废水等污染物的重点部位均应采用环保处理设施、设备和电子监测装置进行实时监测和控制。

7.2 原材料储存

7.2.1 根据正常生产需求及技术要求，制订切实可行的材料供应和储存计划，保证原材料连续供应。

7.2.2 外加剂不得在阳光下暴晒，存储应满足以下规定：

1 桶装外加剂宜在高于地面 50cm 以上的地方堆放，且必须盖紧密封，不得泄露并保持桶壁清洁，应根据外加剂酸碱性及腐蚀性指标选择储存罐体材质；

2 袋装外加剂堆高不应超过 10 层，应做好防潮、通风措施，并保证包装袋的完整。

7.2.3 砂、石骨料堆放应设置明显界限，严禁混堆。堆放场地应硬化并做好排水措施，料场周围需干净整洁不得有污染物。

7.2.4 储存的原材料应有明确标识。

7.3 计量与搅拌

7.3.1 原材料应按重量计量。生产时，原材料的计量值应在计量装置额定量程的 20%～80%之间。

7.3.2 原材料的计量允许偏差不应超过表 7.3.2 的规定。

表 7.3.2 预拌混凝土原材料计量允许偏差

原材料品种	水泥	骨料	水	外加剂	掺合料
每盘计量允许偏差/%	±2	±3	±1	±1	±2
累计计量允许偏差/%	±1	±2	±1	±1	±1

注：1 累计计量允许偏差，是指每一运输车中各盘混凝土的每种原材料计量和的偏差，该项指标仅适用于采用数字化控制的搅拌系统；

2 当采用混合骨料时，必须在混合前分别计量原材料，并符合本表规定。

7.3.3 计量设定值应按照混凝土配合比通知单的要求设定并应由专人复核。

7.3.4 预拌混凝土搅拌的最短时间应符合设备说明书的规定，并且从全部材料投完算起每盘搅拌时间不得低于 30s。

7.3.5 生产过程的计量记录应保存 5 年以上。

7.3.6 每一工作台班搅拌抽检不应少于 1 次，抽检项目主要有拌合物稠度、搅拌时间及原材料计量偏差。

7.3.7 应对搅拌站主要设备进行定期保养和不定期的维护，保持设备完好。

7.3.8 搅拌系统操作员应严格按生产配比单配料，质量技术值班人员应在每班或每一种配比单的计量开机前进行校核，确认无误后开机生产。

7.3.9 生产预拌混凝土前，应测定骨料的含水率，每一工作台班测定不应少于 1 次。当含水率有显著变化时，应增加测定频率，依据检测结果及时调整用水量和骨料用量。

8　供应与交货验收

8.1　供货通知

8.1.1　预拌混凝土送货前，工程的施工报验手续应齐全、施工现场状况应符合浇筑要求。

8.1.2　预拌混凝土需求方应按照约定向预拌混凝土供应单位报送订货单，预拌混凝土企业依据订货单安排生产、供应。

8.1.3　预拌混凝土订货单应以双方约定方式传送。其内容应包括：工程名称、联系人、订货单位、施工单位、交货地点、浇筑部位、浇筑方式、混凝土标记、混凝土标记以外的技术要求、混凝土强度试验方法、供货起止时间、订货量（m^3）等。

8.2　供应运输

8.2.1　预拌混凝土企业车辆管理应制定车辆应急措施，保障车辆在途中出现故障无法按时到达供应项目或长时间滞留时的混凝土质量。

8.2.2　预拌混凝土应采用搅拌运输车运送，装料前应将车内残留混凝土清洗干净，并应排尽罐体内积水。

8.2.3　搅拌运输车运送预拌混凝土时，宜按指定路线行驶，不得超速、超载。

8.2.4　预拌混凝土在装料及运输过程中应控制混凝土拌合物不离析、不分层，严禁在运输、泵送或浇筑过程加水或添加其他未经试验确定的材料。当坍落度损失后不能满足施工要求时，可加入适量同品种减水剂进行搅拌，减水剂掺入量应经试验确定。

8.2.5 对预拌混凝土供货时间和数量，应制定应急措施，保证预拌混凝土施工浇筑的连续性。混凝土长时间滞留不能浇筑时应采取有效质量保证措施确保混凝土的浇筑质量。

8.2.6 预拌混凝土运送过程中应保证罐体慢速搅拌。到达浇筑地点后，卸料前应中速或高速搅拌罐体，使罐体内预拌混凝土拌和均匀。如预拌混凝土拌合物出现离析或分层现象，应对预拌混凝土拌合物进行二次搅拌。

8.2.7 预拌混凝土拌合物有入模温度要求时，应制定有效防控措施，确保混凝土浇筑入模温度要求。

8.2.8 当混凝土供应不及时，宜采取间歇泵送方式，放慢泵送速度，间歇泵送可采用每间隔4～5min进行两个行程反泵，再进行两个行程正泵方式，泵送间歇时间不宜超过15min。

8.3 交货验收

8.3.1 预拌混凝土送达交货地点时，需求方应确认预拌混凝土订货单与发货单及质保资料一致。

8.3.2 预拌混凝土需求方在预拌混凝土送达交货地点应按国家标准《混凝土结构工程施工质量验收规范》GB 50204的规定组织验收。

8.3.3 交货检验应做好验收记录。

8.3.4 对交货检验的试验结果如有异议，应及时通知预拌混凝土的供应方。

8.3.5 交货检验不合格的预拌混凝土，严禁浇筑入模。

8.4 质量检验与评定

8.4.1 出厂检验与见证取样：

1 预拌混凝土出厂前应按要求检验混凝土拌合物的各项性能，检验项目及频率应符合国家标准《预拌混凝土》GB/T 14902 的规定；

2 对有含气量或抗氯离子渗透、抗冻等其他耐久性要求的混凝土，应按照国家标准《普通混凝土拌合物性能试验方法标准》GB/T 50080、《普通混凝土长期性能和耐久性能试验方法标准》GB/T 50082 的规定进行；

3 预拌混凝土送达施工现场后，需求方应指定专人及时对供应方所提供的预拌混凝土的质量、数量进行验收，其验收结果应符合国家标准《混凝土结构工程施工质量验收规范》GB 50204 的规定。

8.4.2 预拌混凝土运至指定的卸料地点时，应检测坍落度，按规定留置试件并测定其他质量指标。预拌混凝土坍落度检测值应符合设计和施工要求，其允许偏差应符合表 8.4.2 规定：

表 8.4.2 坍落度允许偏差

设计要求的坍落度/mm	允许偏差/mm
≤40	±10
50～90	±20
≥100	±30

注：当合同有规定时，应依合同要求。

8.4.3 用于出厂检验的预拌混凝土试样应在搅拌地点采取，用于交货检验的预拌混凝土试样应在交货地点见证取样，合同中有明确规定可按合同执行。

8.4.4 质量评定：

1 混凝土强度检验评定应符合国家标准《混凝土强度检验评定标准》GB/T 50107 的规定；

2 拌合物性能的试验结果应符合第 8.4.2 条规定及国家标准《预拌混凝土》GB/T 14902 的规定；

3 其他特殊要求项目的试验结果应符合合同规定；

4 当判定预拌混凝土的质量是否符合要求时，强度、拌合物和易性及含气量应以交货检验结果为依据，氯、碱总含量可采用出厂检验结果，其他检验项目应按相关规定执行。

9　技术协作

9.0.1　混凝土工程参建各方应加强技术协作。技术协作应针对混凝土性能技术要求、混凝土原材料配合比、混凝土施工方案、混凝土结构实体质量保证、混凝土质量通病预防等进行技术协调和配合。重点或特殊结构和部位，以及特种混凝土和高性能混凝土的生产、供应方案还应进行技术论证或试验验证。

9.0.2　混凝土工程在生产、施工中采用新材料、新技术、新工艺、新设备时，应按有关规定制订专项方案。

9.0.3　设计单位应根据相关规范和工程特点提出混凝土性能技术要求和施工质量控制要求。对于大体积混凝土、超长结构混凝土、面积和体量较大结构、复杂或约束较大结构或部位混凝土应进行抗裂设计。

9.0.4　施工单位应根据设计文件和施工组织设计的要求、混凝土结构特点、施工环境条件制订具体的混凝土施工方案，并对施工可能发生的混凝土质量问题制定预防措施或应急预案，对预拌混凝土企业进行技术交底，并对操作工人进行培训。

9.0.5　监理单位应按相关标准规范要求制定混凝土专项监理实施细则。根据需要对预拌混凝土企业实施延伸监理，参加开盘鉴定，对进场预拌混凝土交货验收检查，对标准养护和同条件养护试件实施见证、取样、送检，对预拌混凝土浇筑过程进行旁站监理，并对预拌混凝土浇筑完毕的早期护理和养护过程进行巡视、检查。

9.0.6　预拌混凝土企业应根据混凝土性能技术要求、工程结构特点、混凝土施工方案和施工管理水平、现场环境条件、运距等因素提出混凝土质量控制目标及混凝土材料性能、特点和施工注意事项，做好与施工单位的技术交底工作和施工过程中的技术服务工作。

9.0.7 预拌混凝土施工过程中，预拌混凝土企业与施工单位应加强联络，密切配合，合理协调处理预拌混凝土供应和现场浇筑中出现的问题，确保预拌混凝土浇筑顺利和混凝土结构质量。

9.0.8 预拌混凝土企业应保持与政府主管部门的良好沟通，及时报告混凝土结构工程施工过程中的异常状况。

10 信息化管理

10.0.1 预拌混凝土企业生产质量管理应采用信息化管理软件与硬件检测和控制设备、自动化仪表和仪器等进行信息化管理。

10.0.2 预拌混凝土企业可建立原材料信息化管理系统，确保原材料质量满足要求。

10.0.3 预拌混凝土企业可建立配合比调整信息化系统，确保配合比调整满足标准要求。

10.0.4 预拌混凝土计量、搅拌、运输可采用数字化、可视化技术进行信息化管理。

10.0.5 预拌混凝土企业可建立预拌混凝土出厂质量控制信息化系统。

10.0.6 预拌混凝土企业应对安装预拌混凝土质量管理信息化管理系统的设备、仪表、仪器等做好防计算机病毒、防网络攻击工作，并做好安全防护及日常维护等工作。

10.0.7 预拌混凝土企业信息化管理系统运行产生的电子数据和纸质资料应及时归档保存。归档资料的保存可采用纸介质与电子载体并存的形式，并应有防止信息丢失或被篡改的可靠措施。资料保管期限应不少于5年。

10.0.8 归档资料存放应有固定的场所，由专人负责，并采取有效保管措施，防止损坏和丢失。保管场所应具备防火、防潮、防蛀等条件。

本规程用词说明

1 为了便于在执行本规程条文时区别对待，对要求严格程度不同的用词说明如下：

1）表示很严格，非这样做不可的：正面词采用“须”或者“必须”，反面词采用“严禁”。

2）表示严格，在正常情况下均应这样做的：正面词采用“应”，反面词采用“不应”或“不得”。

3）表示允许稍有选择，在条件许可时首先应这样做的：正面词采用“宜”，反面词采用“不宜”。

4）表示有选择，在一定条件下可以这样做的：采用“可”。

2 规程中指明应按其他有关标准执行时，写法为：“应符合……的规定（或要求）”或“应按……执行”。

引用标准名录

1《通用硅酸盐水泥》GB 175

2《中热硅酸盐水泥、低热硅酸盐水泥》GB/T 200

3《用于水泥和混凝土中的粉煤灰》GB/T 1596

4《建筑材料放射性核素限量》GB 6566

5《混凝土外加剂》GB 8076

6《混凝土搅拌机》GB 9142

7《建筑施工机械与设备混凝土搅拌站（楼）》GB/T 10171

8《道路硅酸盐水泥》GB 13693

9《建设用砂》GB/T 14684

10《建设用卵石、碎石》GB/T 14685

11《预拌混凝土》GB/T 14902

12《轻集料及其试验方法第1部分轻集料》GB/T 17431.1

13《用于水泥和混凝土中的粒化高炉矿渣粉》GB/T 18046

14《水泥混凝土和砂浆用合成纤维》GB/T 21120

15《混凝土膨胀剂》GB/T 23439

16《混凝土和砂浆用再生细骨料》GB/T 25176

17《混凝土用再生粗骨料》GB/T 25177

18《混凝土搅拌运输车》GB/T 26408

19《防辐射混凝土》GB/T 34008

20《混凝土结构设计规范》GB 50010

21《普通混凝土拌合物性能试验方法标准》GB/T 50080

22《普通混凝土长期性能和耐久性能试验方法标准》GB/T 50082

23《混凝土强度检验评定标准》GB/T 50107

24《混凝土外加剂应用技术规范》GB 50119

25《混凝土质量控制标准》GB 50164

26《混凝土结构工程施工质量验收规范》GB 50204

27《混凝土结构耐久性设计标准》GB/T 50476

28《重晶石防辐射混凝土应用技术规范》GB/T 50557

29《混凝土结构工程施工规范》GB 50666

30《混凝土防冻剂》JC 475

31《混凝土减胶剂》JC/T 2469

32《混凝土防冻泵送剂》JG/T 377

33《普通混凝土用砂、石质量及检验方法标准》JGJ 52

34《普通混凝土配合比设计规程》JGJ 55

35《混凝土用水标准》JGJ 63

36《混凝土泵送施工技术规程》JGJ/T 10

37《建筑工程冬期施工规程》JGJ/T 104

38《补偿收缩混凝土应用技术规程》JGJ/T 178

39《建筑材料术语标准》JGJ/T 191

40《纤维混凝土应用技术规程》JGJ/T 221

41《人工砂混凝土应用技术规程》JGJ/T 241

42《预拌混凝土绿色生产及管理技术规程》JGJ/T 328

43《机制砂应用技术规程》DB34/T 3835

安徽省土木建筑学会标准

预拌混凝土生产技术规程

T/CASA 003—2021

条文说明

目　次

3　基本规定

3.0.1　节能、节材、节水、节地和环保是实现绿色建筑和绿色建材生产的基本要求。

环境影响评价应给出该企业建设项目清洁生产、达标排放和总量控制的分析结论。

环境影响评估应由具有相应资质的第三方监测评估机构承担。预拌混凝土企业每年均应定期委托有资质的监测单位对有组织和无组织粉尘排放、噪音排放进行监测，环境保护主管部门检查时须出具相应监测报告。

3.0.2　依据《中华人民共和国环境保护法》强制性要求必须严格遵守与主体工程同时设计、同时施工、同时投产使用的“三同时”规定。防治污染的设施必须经原审批环境影响报告书的环保部门验收合格后，该建设项目方可投入生产或者使用。

3.0.3　根据《住房城乡建设部关于印发〈建筑业企业资质标准〉的通知》（建市〔2014〕159号）规定，预拌混凝土企业应按《建筑业企业资质标准》第15章内容的要求，取得“预拌混凝土专业承包资质”，方可生产各种强度的预拌混凝土和特种混凝土。

3.0.7　预拌混凝土企业应制定相应的环境保护、职业健康安全、安全生产措施，保障人员的健康安全和现场的文明整洁。

3.0.8　信息管理系统通过采集生产过程数据，运用传输、存储、统计分析等手段，达到监控混凝土生产过程及质量追溯的目的。系统应能实现材料进场与混凝土出站信息管理、重点场所及关键生产过程监控、自动生成统计数据报表、误差超标报警提示等功能，与拌和站既有的生产控制系统相互兼容。

4 试验室管理

4.1 一般规定

4.1.1 试验室建立的管理规章制度应包含以下内容：

1 人员管理制度；

2 仪器设备购置、验收、维护、保养制度；

3 原始记录管理制度；

4 试验报告审核、签发制度；

5 标准养护室管理制度；

6 安全操作制度；

7 工作质量控制管理制度；

8 技术档案资料管理制度；

9 仪器设备使用管理制度；

10 样品管理制度；

11 异常情况及质量监督制度；

12 事故分析及上报制度；

13 生产配合比管理制度；

14 能力比对制度。

4.1.2 试验室的人员岗位职责应包含以下内容：

1 主任岗位职责；

2 试验员岗位职责；

3 资料员岗位职责；

4 样品管理员岗位职责；

5 质检员岗位职责；

6 仪器设备管理员岗位职责等。

4.1.3 试验室印章应由专人保管，仅用于企业质保资料、企业内部工作联系函、试验室内部技术管理资料等。

4.4 场所及环境

4.4.1 试验室应具备与试验项目相适应的场所，按功能区设置力学室、成型试配室、标准养护室、物检室、化学分析室、高温室、留样室、资料室等独立功能区，各功能区应满足试验设备布局和试验流程合理的要求，各功能区应有明显标识。

4.4.2 试验场所应配备必要的安全和防火设施，试验场所的环境条件应符合现行标准的要求，对环境有温度、湿度要求的场所应配备相应的控制设施。试验室各试验场所温湿度应满足表 4.4.2 的要求。

表 4.4.2 试验室各试验场所温湿度要求

试验场所		温度要求/℃	湿度要求/%
力学室		20±5	≥50
成型试配室		20±5	≥50
标准养护室	混凝土	20±2	≥95
	水泥胶砂	20±1	≥95
物检室		20±2	≥50
化学分析室		20±5	≥50
高温室		—	—
留样室		—	—
资料室		—	—

4.4.3 试验室布局应合理，相邻区域如果有互不相容的检测工作时，如灰尘、电磁干扰、辐射、温度、湿度、光照和震动，应进行有效地隔离并采取措施，防止交叉污染。

4.5 样品管理

4.5.5 粉剂材料留样储存于留样筒，液体外加剂留样储存于留样瓶。胶凝材料等粉剂留样存放周期为90天，液体外加剂保存周期为60天，砂、石留样至自检合格。

5 原材料

5.1 一般规定

5.1.4 胶凝材料应按照品种、规格、生产厂家分仓密封储存，不得受潮、污染；粉状外加剂应防止受潮结块；液态外加剂应储存在密闭容器内。

5.1.5 严禁使用海砂及其他不合格材料生产预拌混凝土。

5.4 骨料

5.4.1 骨料的性能应符合《普通混凝土用砂、石质量及检验方法标准》JGJ 52、《建设用砂》GB/T 14684、《建设用卵石、碎石》GB/T 14685、《人工砂混凝土应用技术规程》JGJ/T 241 等国家、行业和地方相关标准的规定。重骨料应符合国家标准《防辐射混凝土》GB/T 34008 和《重晶石防辐射混凝土应用技术规范》GB/T 50557 的规定。轻骨料应符合国家标准《轻集料及其试验方法　第 1 部分：轻集料》GB/T 17431.1 的规定。再生骨料应符合国家标准《混凝土用再生粗骨料》GB/T 25177 和《混凝土和砂浆用再生细骨料》GB/T 25176 的规定。

5.5 外加剂

5.5.1 外加剂性能应符合国家标准《混凝土外加剂》GB 8076、《混凝土外加剂应用技术规范》GB 50119 的有关规定。膨胀剂性能应符合国家标准《混凝土膨胀剂》GB/T 23439 和行业标准《补偿收缩混凝土应用技术规程》JGJ/T 178 的规定。防冻剂应符合行业标准《混凝土防冻剂》JC 475 或《混凝土防冻泵送剂》JG/T 377 的规定。减胶剂应符合行业标准《混凝土减胶剂》JC/T 2469 的规定。

5.5.4 外加剂进场时，除应提供出厂检验报告等质量证明文件外，还应进行复检。

6 配合比

6.1 配合比设计

6.1.1 预拌混凝土配合比应按《普通混凝土配合比设计规程》JGJ 55、《混凝土结构设计规范》GB 50010、《混凝土强度检验评定标准》GB/T 50107、《混凝土结构耐久性设计标准》GB/T 50476、《混凝土质量控制标准》GB 50164、《预拌混凝土》GB/T 14902 等国家、行业和地方相关标准的规定进行设计。

6.1.4 泵送混凝土配合比设计应充分考虑影响混凝土拌合物性能的因素，例如预拌混凝土运输时间、坍落度经时损失、输送的管径、泵送的垂直高度和水平距离、弯头设置、泵送设备的技术条件、气温等。泵送混凝土的泵送性能必要时应通过试泵送确定。

6.2 配合比管理

6.2.1 企业应根据选用材料进行系统的预拌混凝土配合比试验，储备一定数量的预拌混凝土配合比及相关技术资料，供生产时选用参考。其中包括：不同混凝土强度等级、不同坍落度、不同水泥品种、不同骨料粒径及颗粒级配、不同掺合料和外加剂品种及掺量、不同气候条件和工程部位所处环境。

6.2.4 配合比通知单应注明生产日期、工程名称及部位、生产数量、混凝土强度等级、坍落度或扩展度、配合比编号、原材料名称及品种规格、砂石实测含水率、混凝土容重及每立方预拌混凝土所用各种原材料实际用量等信息。

7　预拌混凝土生产

7.1　一般规定

7.1.1　绿色生产时应将厂区划分为生产区、办公区和生活区。应采用有效措施降低生产过程产生的噪声和粉尘对生活和办公活动的影响，如：设置围墙或声屏障、种植乔木和灌木均可降低粉尘和噪声传播。

7.1.2　厂区内道路及生产区的地面硬化是控制道路和生产场地扬尘的基本要求，也是保持环境卫生的重要手段。应根据厂区道路及生产作业区荷载要求，按照相关标准进行道路混凝土配合比设计及施工。

7.1.3　封闭式厂房是指整个生产区域全部处于封闭的空间内，任何与生产操作有关的活动均在封闭空间内。

7.1.4　国家标准《建筑施工机械与设备混凝土搅拌站（楼）》GB/T 10171、《混凝土搅拌机》GB/T 9142 和《混凝土搅拌运输车》GB/T 26408 等详细规定了混凝土搅拌机、运输车和搅拌站（楼）配套主机、供料系统、储料仓、配料装置、混凝土贮斗、电气系统、气路系统、液压系统、润滑系统、安全环保等技术要求，并应符合行业标准《预拌混凝土绿色生产及管理技术规程》JGJ/T 328 的规定。噪声和粉尘排放及碳排放与设备密切相关。因此，企业实现绿色生产应优先采购各种技术先进、节能、绿色环保的设备。

7.1.6　此条为 2019 年安徽省生态环境厅和安徽省住房和城乡建设

厅制定的《建筑工程施工和预拌混凝土生产扬尘污染防治（试行）》第6章《预拌混凝土生产扬尘污染防治》中的第6.3.10条的要求。

7.1.7 通过实时检测，可以发现是否满足环保要求。在产生粉尘、噪音、废水等污染物的重点部位安装视频监控和监测装置可以实时掌握各主要排放点的工作情况，是确保绿色生产的必要措施。主要排放点包括：磅房区域、粉料仓、骨料仓、搅拌机配料装置、装料系统、洗车系统等。

7.2 原材料储存

7.2.7 对胶凝材料储存罐的料口及罐体顶部应做好防潮、除尘措施。胶凝材料入罐口应加锁防护，并由专人负责开锁、关锁。胶凝材料入罐应遵守操作规程，不得违规操作。

7.2.9 标识内容应包括：品种、规格、产地、型号等。

7.3 计量与搅拌

7.3.4 在制备C50以上强度的混凝土或采用有引气剂、膨胀剂、防水剂、防冻剂、纤维等时，应相应增加搅拌时间，以确保搅拌均匀。

7.3.6 每条生产线、每个台班应至少抽检1次。

7.3.7 计量器具应每半年定期检定，并每季度由质量技术部门和生产设备部门定期进行静态计量矫正1次。外加剂秤应每月计量校正1次。

8 供应与交货验收

8.2 供应运输

8.2.3 运送预拌混凝土的容器和管道，不得吸水和漏浆，并保证卸料及输送通畅。预拌混凝土出厂后严禁加水。

8.2.4 预拌混凝土从搅拌机卸出后到浇筑完毕的延续时间不宜超过表8.2.2的规定。

表8.2.2 混凝土从搅拌机卸出到浇筑完毕的延续时间

气温	延续时间/min	
	≤C30	>C30
≤25℃	120	90
>25℃	90	60

注：掺加外加剂或采用快硬水泥时延续时间应通过试验确定。

8.2.6 预拌混凝土运送过程中应避免预拌混凝土出现分层、假凝等现象。到达浇筑地点，经搅拌后的预拌混凝土拌合物出现离析或分层现象，应对预拌混凝土拌合物进行二次搅拌，保证拌合物均质性。

8.2.7 混凝土拌合物运送至浇筑地点，温度超过35℃或低于5℃时，应采取相应措施，保证入模温度。运输预拌混凝土时还应保证施工现场泵送、浇筑的连续进行。

8.3 交货验收

8.3.2 交货检验混凝土试样的采取及坍落度试验，应在预拌混凝土运到交货地点时开始算起20min内完成，试样的制作应在40min内完成。

8.4 质量检验与评定

8.4.1 出厂检验与见证取样：

1 预拌混凝土搅拌完毕后，在搅拌地点应按下列要求检测预拌混凝土拌合物的性能，其测试方法按国家标准《普通混凝土拌合物性能试验方法》GB/T 50080的规定执行。

预拌混凝土坍落度检验试样，每拌制100盘且不超过200m^{3}相同配合比的预拌混凝土取样不得少于1次；每工作班拌制的相同配合比的混凝土不足100盘（不大于200m^3）时，取样亦不少于1次。

混凝土强度检验试样，每100盘且不超过200m^{3}相同配合比的预拌混凝土取样不得少于1次，每工作班拌制的相同配合比的预拌混凝土不足100盘（不大于200m^3）时，取样亦不得少于1次。

2 预拌混凝土应根据需要检验拌合物的含气量、氧化物总含量等质量指标，检验频率按合同规定进行。有抗渗要求的混凝土，抗渗检验试样的采取应符合下列规定：同一工程、同一部位及同一配合比的预拌混凝土取样不得少于1次。

3 出厂检验和交货检验的混凝土，其取样方法、试件的制作和养护方法应符合有关标准的规定，各方应做好交货检验的见证取样。预拌混凝土企业不得代替需求方制作混凝土试件。

9 技术协作

9.0.1 技术协作是指预拌混凝土企业、施工、监理、设计和业主等工程相关各方，为确保混凝土工程质量，在技术方面进行的协调与配合。

技术协作可采取混凝土结构设计交底、混凝土施工组织设计施工方案交底、混凝土配制及生产供应技术交底、混凝土专项监理实施细则交底、专题例会等方式。各方技术交底应包括有针对性的混凝土质量缺陷预防措施。重点或特殊结构和部位，以及特种混凝土和高性能混凝土的生产、供应和施工方案还应进行技术论证或试验验证。

10 信息化管理

10.0.1 信息化指企业以业务流程的优化和重构为基础，在一定的深度和广度上利用计算机技术、网络技术和数据库技术，控制和集成化管理企业生产经营活动中的各种信息，实现企业内外部信息的共享和有效利用，以提高企业的经济效益和市场竞争力。

10.0.2 原材料入厂时，可采用无人值守地磅系统进行称重作业，可采用AI视觉识别等智能系统对进厂原材料进行自动识别、取样、检测，判定原材料的质量。当使用机制砂时，还可采用机制砂含水率及颗粒级配检测系统对取样样品进行自动烘干、筛分和计量，据此计算分析样品的含水率和颗粒级配指标；还可采用机制砂MB值快速判定检测系统，自动完成样品计量、搅拌、混合液沾取、试纸拍照和废品回收等检测全过程，并据此进行视觉识别分析、质量判定，实现机制砂石粉、含泥量判定的自动化和高效化。

10.0.3 配合比调整信息化管理系统可根据混凝土配合比设计要求，生产需求和原材料质量现状，结合气象状况、运输时间和现场施工情况，智能推送优化的生产配合比，实现配合比调用、调整、审批、发放等功能的移动端智能管理。

10.0.4 预拌混凝土企业可采用智能调度系统，智能采集生产任务排序、单任务发料情况、车辆GPS情况、现场施工情况，实现生产任务自动生产安排；可采用智能生产控制系统，对生产原材料的取样、检测、计量、盘存等进行实时检测和控制，实时采集设备运行情况，自动进行检测、诊断、预测性维护等，确保设备正常运行，保证预拌混凝土生产质量符合设计及标准要求。

10.0.5 预拌混凝土企业可通过智能调度系统和生产控制系统提供信息，进行预拌混凝土在线取样、成型、振捣抹面、静置养护、试件转运、脱模试压、检测结果提示与储存等，实现预拌混凝土质量控制的自动化、高效化和可追溯。

10.0.7 信息化归档资料应包括以下内容：

1 预拌混凝土销售合同；

2 生产任务单；

3 预拌混凝土配合比通知单；

4 开盘鉴定；

5 原材料试验记录及报告；

6 混凝土强度和耐久性试验记录及报告；

7 预拌混凝土运输单；

8 预拌混凝土配合比调整记录；

9 预拌混凝土出厂合格证；

10 混凝土氯离子含量和碱总量计算书；

11 基本性能试验报告；

12 质量事故分析及处理资料；

13 其他与预拌混凝土生产、质量有关的重要文档。